Selbstbewusstsein

In 10 Schritten zu mehr Selbstbewusstsein

Inhaltsverzeichnis

Einleitung 1
Wie bildet sich unser Selbstbewusstsein? 3
1. Fähigkeiten kennen und wertschätzen 4
2. Schwächen kennen und akzeptieren 5
3. Respekt und Verständnis.................................7
4. Äpfel nicht mit Birnen vergleichen 8
5. Erwartungen hinterfragen und korrigieren 10
6. Kritik annehmen, aber nicht persönlich nehmen ...12
7. Eigene Werte leben 13
8. Bedürfnisse ernst nehmen 13
9. Inneren Kritiker erkennen & bremsen 14
10. Veränderungen / Wachstum erwarten 17
Kapitel 3: Kleine Tipps mit großer Wirkung............20
Mach dich groß! 20
Atme dich mutig! 21
Bitte Lächeln! 24
Sag's einfach! 25
Komplimente für Alle! 26
Liken was das Zeug hält! 27
Radikale Akzeptanz 28
Fake it 'til you make it! 31

Kapitel 4: Wunderkind 34
Schlusswort 36
Quellen 38
Impressum 39

Einleitung

Viele Menschen kennen diese Situationen: Du nimmst an einem Meeting teil, hast eigentlich eine gute Idee, traust dich nicht, sie vorzubringen und ärgerst dich später darüber. Du stehst morgens vor dem Spiegel, wählst ein Outfit für den Tag aus und schon hast du schlechte Laune, weil du unzufrieden mit deinem Aussehen bist. Du bekommst eine Diskussion mit, möchtest eigentlich entschieden wiedersprechen, hältst dann aber doch den Mund, weil du Angst hast, einer Konfrontation nicht stand zu halten. Du bist in einer Bar und möchtest gerne jemanden ansprechen, denkst Ewigkeiten darüber nach, was du sagen könntest und lässt es letztendlich doch bleiben. Dies sind nur Beispiele für Situationen, wie sie Menschen mit geringem Selbstbewusstsein häufig erleben. In diesem Buch erfährst du mehr über die Begrifflichkeiten und die Bildung des Selbstbewusstseins. Außerdem findest du 10 Schritte, die dir auf deinem Weg zu einem stärkeren Selbstbewusstsein helfen sollen, hilfreiche Tipps und eine Vielzahl an Übungen, von denen sich die meisten ganz einfach Zuhause durchführen lassen.

Kapitel 1: Selbst- Was?

Selbstbewusstsein und Selbstvertrauen. Diese beiden Worte werden meist so unkonkret verwendet, dass sie fast austauschbar zu sein scheinen. Jedoch ist Selbstbewusstsein kein Synonym für Selbstvertrauen und andersherum. Die Bedeutung von Selbstbewusstsein kann eigentlich direkt am Wort abgeleitet werden. Sich über sein "Selbst-bewusst-sein". Das bedeutet, dass einem bewusst ist, wer man ist. Das ist natürlich leichter gesagt als getan, denn auf die Frage "Wer bin ich?" eine ehrliche Antwort zu haben setzt voraus, dass man sich selbst sehr gut kennt. Beim Selbstvertrauen geht es darum, Vertrauen in sich selbst zu haben. In sich und seine Fähigkeiten zu vertrauen und sich Dinge zuzutrauen. Selbstbewusstsein und Selbstvertrauen gehen Hand in Hand und beeinflussen sich gegenseitig, sind aber nicht das Selbe. Weitere Begriffe, auf die dies ebenfalls zutrifft sind Selbstsicherheit und Selbstwertgefühl - sich seiner selbst sicher zu sein und ein gesundes Gefühl für den eigenen Wert zu haben. Letztendlich hängen all diese Begriffe zusammen.

Wie bildet sich unser Selbstbewusstsein?

Das Selbstbewusstsein eines jeden Menschen beginnt sich bereits in der frühen Kindheit zu formen. Hierbei wird es vorwiegend von außen beeinflusst. Hört und erfährt ein Kind immer wieder, dass es nutzlos und/oder unzulänglich ist, wird sich sein Selbstbewusstsein anders entwickeln, als es bei einem Kind der Fall ist, das mit Lob und leistungsunabhängiger Wertschätzung aufwächst. Ereignisse im späteren Kindheitsalter, der Jugend und im Erwachsenenleben wirken sich ebenfalls auf das Selbstbewusstsein aus. Die gute Nachricht ist: es ist möglich, aktiv an einem besseren Selbstbewusstsein zu arbeiten. Und das kann sich lohnen. Denn unser Selbstbewusstsein beeinflusst sämtliche Teile unseres Lebens - von den Beziehungen, die wir führen, über den Erfolg im Beruf bis hin zum allgemeinen Wohlbefinden. Ein starkes Selbstbewusstsein kann die Lebensqualität enorm erhöhen. Im folgenden Kapitel erfährst du, wie du dein Selbstbewusstsein in 10 Schritten stärken kannst.

Kapitel 2: 10 Schritte

1. Fähigkeiten kennen und wertschätzen

Zunächst ist es wichtig, dass du dir bewusst machst, welche Fähigkeiten du besitzt. Kannst du gut kochen, bist gut in einer bestimmten Sportart oder kannst wunderbar mit Tieren umgehen? Bist du vielleicht geduldig, mitfühlend, zielstrebig oder hilfsbereit? Kannst du andere gut trösten, behältst auch in chaotischen Situationen den Überblick oder hast ein gutes Zahlengedächtnis? Aus allem was du gut meisterst, was dir besonders leicht fällt oder wofür du dich am meisten begeisterst, setzen sich deine Fähigkeiten zusammen.

Übung 1:

Nimm ein Blatt Papier und einen Stift zur Hand und suche dir einen Ort, an dem du ungestört bist. Konzentriere dich auf deine Fähigkeiten und notiere sie. Was fällt dir ein? Natürlich solltest du realistisch bleiben, beziehungsweise ehrlich zu dir selbst sein. Realistisch bedeutet aber nicht bescheiden! Denn Bescheidenheit ist fehl am Platze, wenn es darum geht, deine Fähigkeiten zu erkennen und zu würdigen. Wenn du einige Fähigkeiten notiert hast, falte den Zettel und verstaue ihn in deiner Hand-/Hosentasche. Versuche den Zettel für die nächste Zeit, wann immer möglich, bei dir zu tragen. Achte im Alltag immer wieder bewusst darauf, was gut klappt oder was dir positives an dir selbst auffällt und füge es der Liste hinzu. Du wirst sehen, dass die Liste schnell wächst und du mehr Fähigkeiten besitzt, als du dachtest.

Übung 2:

Suche dir für diese Übung eine Person, die dir sehr nahe steht und dich demnach sehr gut kennt und bitte sie, dir zu sagen, was sie an dir schätzt. Diese Person soll sich ruhig 10 - 15 Minuten Zeit nehmen, um darüber nachzudenken und möglichst viel nennen zu können. Dieser Schritt kann Überwindung kosten, aber für dich zu ganz neuen, wertvollen Erkenntnissen führen.

2. Schwächen kennen und akzeptieren

Jeder Mensch hat Schwächen. Das wissen wir alle und dennoch ist es für viele unglaublich schwer, sich eigene Schwächen einzugestehen oder sie gar zu akzeptieren. Doch ein gesundes Selbstbewusstsein zu haben, bedeutet nicht, vermeintlich "keine" Schwächen zu haben oder diese auszublenden. Es bedeutet vielmehr, seine Schwächen gut zu kennen und sie zu akzeptieren. Denn dann ist es tatsächlich möglich, durch Schwächen stärker zu werden.

Übung:

Du benötigst erneut Stift und Papier. Konzentriere dich dieses Mal auf deine Schwächen. Was kannst du nicht so gut? Was fällt dir schwer? Schreibe sie auf. Sei auch hierbei realistisch und ehrlich, aber lasse dich nicht von Frustration und einem eventuell schlechten Selbstbild beeinflussen. Versuche so objektiv wie möglich festzustellen, wo deine Schwächen liegen und notiere sie. Wenn du damit fertig ist, ist die Übung noch nicht beendet. Betrachte deine Schwächen eine nach der anderen. Sind sie wirklich so schlimm? Mit welchen davon kannst du gut leben? Welche davon empfindest du nur als "Schwäche", weil andere das so sehen? Und gibt es vielleicht die ein oder andere, an der du gerne arbeiten würdest? Bedenke, dass Schwächen prinzipiell nicht unbedingt "bearbeitet" oder "verbessert" werden müssen und/oder können. Manche Schwächen kannst du nur annehmen und ihnen somit die Macht nehmen, dich runterzuziehen. Denn wenn du dir einer Schwäche bewusst bist und sie akzeptierst, kann sie dir weit weniger schaden, als wenn du einen "Kampf gegen Windmühlen" führst. Stellst du fest, dass du dich mit einer oder mehrerer dieser Schwächen nicht abfinden willst und siehst eine Möglichkeit, sie auszugleichen/zu verbessern, dann starte einen Versuch. Generell gilt: du MUSST alle Schwächen akzeptieren, du KANNST an einigen arbeiten.

3. Respekt und Verständnis

Und zwar Respekt im Umgang mit und Verständnis für dich selbst! Viele Menschen neigen dazu, eigene Niederlagen oder Fehler als weit gravierender und schlichtweg "schlimmer" zu sehen, als sie die selben Niederlagen und Fehler bei anderen einordnen würden. Ein Beispiel: Fällt ein Freund durch eine Prüfung, würdest du wahrscheinlich Verständnis dafür zeigen, wie es dazu gekommen ist und ihm gut zureden, es nochmal zu versuchen. Du würdest nicht denken, dass er ein "Versager" ist oder nichts auf die Reihe bekommt oder sowieso einfach zu blöd ist, um die Prüfung zu bestehen. Das alles ändert sich nicht, nur weil du derjenige bist, der die Prüfung nicht besteht. Gönne dir das selbe Verständnis, das du anderen zukommen lässt.

Übung:

Wann immer du dich - in Gedanken oder laut ausgesprochen - selbst kritisierst, versuche einen Schritt zurück zu machen und die Situation objektiver zu betrachten. Stelle dir vor, eine Person, die dir wichtig ist, wäre an deiner Stelle. Würdest du diese Person genauso scharf kritisieren? Was würdest du dieser Person stattdessen sagen oder raten? Drehe den Grundsatz "Was du nicht willst, das man dir tut, das füg auch keinem andern zu" um: Sei nur so hart zu dir selbst, wie du es in der selben Situation auch zu einem geliebten Menschen wärst. Dir wird schnell auffallen, dass diese Überlegungen den Ton, in dem du mit dir selbst sprichst, verändern.

4. Äpfel nicht mit Birnen vergleichen

...und dich selbst nicht mit Anderen. Denn kein anderer hat die exakt selben

Fähigkeiten, Schwächen, Voraussetzungen, Veranlagungen, Erfahrungen, Vorlieben, Ängste und Wünsche wie du. Du bist einer von vielen einzigartigen Menschen. Und diese Einzigartigkeit, die jeden Menschen auszeichnet, ist der Grund dafür, dass Vergleiche zwischen Menschen sinnlos sind und du sie am Besten ganz sein lassen solltest. Denn sie führen in der Regel zu Frust, weil wir sie dafür nutzen, unsere Fähigkeiten unbedeutender und unsere Schwächen bedeutender erscheinen zu lassen. Viele Menschen können gut kochen und stolz darauf sein. Aber wie viele davon kochen noch gut im Vergleich zu Schuhbeck? Viele Menschen sind gute Sportler und sollten stolz darauf sein, aber wie gut sind sie, verglichen mit Usain Bolt oder Christiano Ronaldo? Mach dir bewusst, dass du nicht der absolut Beste sein musst, damit deine Leistung zählt oder du stolz darauf, beziehungsweise zufrieden damit, sein darfst. Es ist die einzigartige Kombination aus vielen kleinen Teilen und Aspekten, die dich zu etwas Besonderem macht. Das Ziel sollte deshalb immer sein, die beste Version deiner selbst zu sein/werden - unabhängig davon, was andere können, tun und lassen. Alles andere ist unfair dir selbst gegenüber - und wenn man ein Licht oft genug in den Schatten stellt, erlischt es irgendwann.

5. Erwartungen hinterfragen und korrigieren

Jeder Mensch hat Erwartungen - z.B. an nahestehende Menschen, an die Politik, sogar an das Wetter - und natürlich an sich selbst. Prinzipiell ist es gut, Erwartungen zu haben. Allerdings gilt das nur für solche, die realistisch erfüllbar sind. Erwartest du beispielsweise von dir, auszusehen wie Claudia Schiffer, wird diese Erwartungshaltung nur zu Frust führen (Vgl. "Äpfel nicht mit Birnen vergleichen"). Bist du finanziell in den Miesen und erwartest von dir, innerhalb eines Monats einen Lamborghini zu besitzen, wirst du höchstwahrscheinlich schwer enttäuscht werden. Gar nichts von sich selbst zu erwarten ist im Umkehrschluss aber keinesfalls besser, denn wie soll ohne Erwartung Veränderung, Fortschritt und Wachstum stattfinden?

Übung:

Du benötigst wieder Stift und Papier. Notiere diesmal die Erwartungen, die du an dich selbst hast, denen du momentan nicht gerecht wirst. Überlege dir anschließend, was du tun oder verändern könntest, um sie zu erfüllen. Denke anschließend darüber nach, welche der notierten Erwartungen die Veränderungen, die dafür notwendig sind, für dich persönlich wert sind und welche nicht. Kommst du bei einer Erwartung zu dem Schluss, dass sie für dich entweder unmöglich zu erfüllen oder nicht wichtig zu halten ist, dann streiche sie symbolisch durch. Du wirst feststellen, dass du Erwartungshaltungen dir selbst gegenüber hast, die du lediglich als wichtig erachtest, weil sie gesellschaftlich angesehen oder von deinem sozialen Umfeld befürwortet sind. Frage dich, welche Erwartungen DU an dich stellen MÖCHTEST. Durch diese Überlegungen wird sich die Liste der Erwartungen, die du für sinnvoll hältst und beibehalten möchtest wahrscheinlich um einiges kürzen. Überlege zum Schluss, wie du diesen übriggebliebenen Erwartungen - jeder einzelnen für sich - mit der Zeit gerecht werden kannst. Dafür kannst du Ziele formulieren, z.B. "Ich möchte morgens früher aufstehen.". Notiere außerdem, warum du diese Erwartung an dich hast und wie du das Ziel erreichen kannst. Wirf von Zeit zu Zeit einen Blick auf die Liste und sieh nach, was sich geändert hat. Scheue auch nicht davor zurück, Erwartungen zu senken oder aufzugeben, denn wie alles im Leben, können sich auch unsere Ansprüche an uns selbst von Zeit zu Zeit verändern.

6. Kritik annehmen, aber nicht persönlich nehmen

Schon allein der Gedanke an Kritik löst bei den meisten Menschen ein unangenehmes Gefühl aus. Wie schön wäre es, wenn wir immer alles richtig machen würden? Und zwar in aller Augen? Dass das nicht geht, ist klar. "Du kannst es nicht allen recht machen", wie man so schön sagt. Trotzdem kann konstruktive Kritik natürlich auch hilfreich sein. Versuche, dir Kritik anzuhören und zu reflektieren, ob sie berechtigt ist und dir eventuell weiterhelfen kann. Nachdem du darüber nachgedacht und dich entschieden hast, ob, beziehungsweise wie, die Kritik dich weiterbringen kann, solltest du versuchen, den Kritikpunkt innerlich abzuhaken. Versuche Kritik nicht persönlich zu nehmen, indem du sie als Meinung, nicht als die einzige Wahrheit / einen Angriff auf dich wertest. Meinungen sind unterschiedlich, mal hat der Eine recht, mal der Andere und mal gibt es kein Richtig und Falsch. Es wird dir leichter fallen, Kritik nicht so schwer zu nehmen und eventuell sogar daran zu wachsen, wenn du es schaffst, sie nicht persönlich zu nehmen, sondern aus einiger Distanz zu betrachten.

7. Eigene Werte leben

Überlege, was dir wichtig ist und stehe dazu! Für ein starkes Selbstbewusstsein ist es essentiell zu wissen, was dir besonders wichtig ist und auch danach zu leben. Egal ob es z.B. um Religion, Ernährung, Politik oder ethisch/moralische Belange geht - stehe zu deiner Überzeugung und scheue dich nicht davor, sie auch in Konfliktsituationen zu vertreten.

8. Bedürfnisse ernst nehmen

Lerne, deine persönlichen Bedürfnisse wahr- und ernst zu nehmen. Viele Menschen neigen dazu, persönliche Bedürfnisse leichtfertig und bereitwillig hinten an zu stellen. Manchmal lässt sich das selbstverständlich auch nicht vermeiden. Generell solltest du allerdings darauf achten, gut für dich selbst zu sorgen. Dafür ist es zunächst wichtig, deine Bedürfnisse überhaupt zu erkennen und sie anschließend nicht zu ignorieren, sondern zu befriedigen. Das Stichwort heißt hier Selbstfürsorge. Denn du bist es dir schuldig, dich gut um dich selbst zu kümmern. Das bedeutet manchmal auch, Anderen Wünsche oder Bitten auszuschlagen. Wenn dich beispielsweise eine Freundin spontan bittet, sie zu einem Termin zu begleiten, du aber hundemüde bist und eigentlich etwas Zeit für dich brauchst, hast du jedes Recht abzulehnen - und zwar ohne ein schlechtes Gewissen zu haben.

Übung:

Halte mehrmals täglich, egal was du gerade tust, kurz inne und nimm dir einige Minuten Zeit. Frage dich, wie es dir geht und was dir gerade gut tun würde. Bist du zufrieden? Brauchst du gerade etwas Bestimmtes? Belastet dich etwas? Nimm deine Empfindungen ernst und überlege, wie du ihnen gerecht werden kannst.

9. Inneren Kritiker erkennen & bremsen

Kritik an sich selbst zu üben ist bis zu einem gewissen Grad normal und bleibt nicht aus, wenn man seine Handlungen regelmäßig reflektiert. Ein zu starker "innerer Kritiker" kann allerdings gegen dich arbeiten, hemmt dich in deiner Entwicklung und tritt dein Selbstbewusstsein mit Füßen. Beispiel: Es besteht ein gewaltiger Unterschied zwischen dem Gedanken "Beim nächsten Mal muss ich für die Fahrt 10 Minuten mehr einplanen" oder aber "Wie blöd kann man nur sein, jetzt bin ich zu spät gekommen! Typisch, nie kriege ich was auf die Reihe." Ersteres ist Lernen aus Erfahrungen, Letzteres ist destruktives Denken und arbeitet aktiv gegen dein Selbstbewusstsein.

Übung 1:

Wann immer du bemerkst, dass dein innerer Kritiker gerade am Werk ist, kannst du ihn zunächst abbremsen, indem du laut "Stop" sagst, um den Gedankengang zu unterbrechen. Frage dich: würde ich so mit einer guten Freundin sprechen? Ist die Antwort nein, versuche den Kritikpunkt so umzuformulieren, dass du ihn einer geliebten Person ohne schlechtes Gewissen ins Gesicht sagen könntest. Denn du verdienst es, dich selbst mit dem gleichen Respekt zu behandeln.

Übung 2:

Je nachdem wie stark dein innerer Kritiker ist, können seine Aussagen auch absolut haltlos oder völlig übertrieben/aus dem Kontext gerissen sein. Es ist wichtig, das zu enttarnen. Frage dich: sind diese Gedanken gerechtfertigt? Sind sie notwendig oder können mich weiterbringen? Ist die Antwort nein, traue dich, deinem inneren Kritiker bewusst zu widersprechen. Beispiel: Du hast, wie jeden Tag, gekocht, doch diesmal ist dir etwas angebrannt. Du denkst "Immer geht alles schief, ich bin einfach zu nichts zu gebrauchen." Es ist offensichtlich, dass das nicht stimmt. Denn weder ist an diesem Tag alles schief gelaufen, noch sagt ein einziges Missgeschick etwas darüber aus, ob oder wie gut du kochen kannst. Und selbst wenn du schlecht kochen würdest, gibt es abgesehen davon Vieles, worin du durchaus gut zu gebrauchen bist. Es ist wichtig, solche Gedanken richtigzustellen, denn sie sind nicht fair dir selbst gegenüber und sie einfach unkommentiert stehen zu lassen, kann dir das Gefühl geben, dass mehr Wahres daran ist, als es tatsächlich der Fall ist. Wehre dich gegen unfaire "Kritik", auch wenn sie von dir selbst kommt, indem du sie berichtigst. Sage laut "Nein", um den destruktiven Gedankengang zu stoppen und korrigiere mit positiven Formulierungen. Auf dieses Beispiel bezogen z.B. "Da ist was schief gelaufen, das ist ärgerlich, kann aber jedem passieren." Mit der Zeit wird es dir immer leichter fallen, direkt darauf aufmerksam zu werden, wenn der "innere Kritiker" das Wort ergriffen hat und mal wieder "über's Ziel hinausschlägt" und ihn/dich selbst zu korrigieren.

10. Veränderungen / Wachstum erwarten

...und zwar nicht furchtvoll, sondern freudig! Denn Veränderungen sind unumgänglich. Äußere Rahmenbedingungen, dein (soziales) Umfeld, dein Befinden, deine Ansichten, dein Aussehen - alles befindet sich im stetigen Wandel, alles verändert sich im Laufe der Zeit. Das kann furchteinflößend sein, denn nicht alle diese Veränderungen kannst du beeinflussen. Ein Sprichwort lautet "Sich Sorgen zu machen ist so, als würde man bei strahlendem Sonnenschein unter einem Regenschirm gehen, nur weil es theoretisch regnen könnte." Im übertragenen Sinn bedeutet das: Solange du noch nicht weißt, ob es regnen wird, brauchst du den Schirm nicht aufzuspannen beziehungsweise sorge dich nicht um Dinge, von denen du noch gar nicht wissen kannst, ob sie passieren werden. Konzentriere dich dafür auf die positiven Veränderungen, die du anstrebst und erwarte, dass dein Selbstbewusstsein wachsen wird. Sei dir sicher, dass sich die

Dinge ändern und du selbstbewusster werden kannst. Versuche dir in dieser Hinsicht eine Art "Vertrauensvorschuss" zu geben und glaube daran, dass du dein Ziel Schritt für Schritt erreichen wirst.

Kapitel 3: Kleine Tipps mit großer Wirkung

Im letzten Kapitel hast du einiges darüber erfahren, wie du aktiv an mehr Selbstbewusstsein und Selbstvertrauen arbeiten kannst. Natürlich braucht jeder einzelne dieser Schritte Zeit und es kann unter Umständen dauern, bis du erste größere Erfolge verzeichnen kannst. In diesem Kapitel findest du zusätzlich einige Anregungen und kleine Tipps, die sich leicht umsetzen lassen und trotzdem schon ausreichen können, um deinem Selbstbewusstsein ein Bisschen auf die Sprünge zu helfen.

Mach dich groß!

Vergrößere dein Selbstbewusstsein, indem du dich traust, dich selbst groß zu machen und Raum einzunehmen. Es ist erwiesen, dass sich eine aufrechte Körperhaltung positiv auf das Selbstbewusstsein auswirken kann - und vor allem selbstbewusster auf Andere wirkt.

Übung:

Stelle oder setze dich zunächst so vor den Spiegel, wie du normalerweise sitzt oder stehst, wenn du nicht darüber nachdenkst. Nimm nun bewusst die Schultern zurück und richte den Rücken, Hals und Kopf auf (stell dir vor dein Kopf würde von einem Marionettenseil senkrecht nach oben gezogen). Positioniere deine Beine hüftbreit und betrachte dich nun erneut im Spiegel. Du kannst auch mehrmals zwischen der gewohnten und der aufrechten Haltung wechseln, um die Unterschiede genauer zu erkennen. Du wirst feststellen, dass dein Spiegelbild ganz anders wirkt, wenn du eine aufrechte Haltung einnimmst.

Atme dich mutig!

Durch kontrolliertes Atmen, kannst du dich aktiv beruhigen und dich mental auf Situationen vorbereiten, die dir durch mangelndes Selbstbewusstsein schwer fallen.

Übung 1:

Setze oder lege dich bequem hin und schließe die Augen. Konzentriere dich nur auf deinen Atem. Spüre, wie er beim Einatmen in dich hinein fließt und deinen Körper beim Ausatmen wieder verlässt. Atme tief und ruhig. Beginne nun auf 30 zu zählen. Einatmen - 1, Ausatmen - 2, Einatmen - 3, Ausatmen - 4 und so weiter. Konzentriere dich nur auf die Zahlen und deine Atmung. Wenn andere Gedanken kommen, lasse sie vorbeiziehen und kehre wieder zu den Zahlen zurück. Wenn du bei 30 angekommen bist, öffne deine Augen und tu, was du dir vorgenommen hast, ohne nochmals zu zögern.

Übung 2:

Diese Übung kann dir helfen, Abstand von Selbstzweifeln zu gewinnen. Lege dich bequem auf den Rücken und achte dabei darauf, dass dein Brustkorb geöffnet ist und dein Atem frei fließen kann. Schließe die Augen und konzentriere dich auf deinen Atem. Denke an die Situation, die es zu bewältigen gilt und versuche kurz zu spüren, was der Gedanke in dir auslöst. Beginne nun nach dem Prinzip aus Übung 1 auf 20 zu zählen. Einatmen - 1, Ausatmen - 2 und so weiter. Versuche gedanklich bei den Zahlen und deiner Atmung zu bleiben, lasse andere

Gedanken vorbeiziehen und komme immer wieder zum Zählen zurück. Wenn du bei 20 angekommen bist, atme ruhig weiter und stelle dir beispielsweise dich selbst mit einer Hand voll roter Luftballons vor. Die Luftballons stehen für die Zweifel, von denen du dich distanzieren möchtest. Zähle nun nach demselben Muster von 20 auf 0. Also Einatmen - 20, Ausatmen - 19, Einatmen - 18 und so weiter. Stelle dir bei jedem Ausatmen vor, wie du einen deiner Zweifel (Luftballons) verabschiedest, indem du ihn in die Lüfte steigen und immer kleiner werden lässt, bis er schließlich verschwunden ist. Die Luftballons sind hier nur ein Beispiel eines Symbols. Genauso gut könnten es Papierschiffchen sein, die du in einem Fluss von dir wegtreiben lässt oder Taschentücher, die du aus einem fahrenden Auto schmeißt und weit hinter dir lässt. Probiere ruhig Verschiedenes aus und finde ein Bild, das für dich passt. Wenn du bei 0 angekommen bist, bleibe noch einen Moment mit geschlossenen Augen liegen und spüre nach.

Bitte Lächeln!

Ein Lächeln drückt Zuversicht und Positivität aus und erzeugt außerdem automatisch ein beschwingtes Gefühl. Du kannst vielen einschüchternden oder angsteinflößenden Situationen ihre Macht nehmen, indem du ihnen mit einem Lächeln begegnest.

Übung 1:

Nimm dir morgens im Bad eine Minute Zeit, stell dich vor den Spiegel und lächle dich einfach nur an. Versuche das dadurch entstandene Gefühl von Positivität mit in den Tag zu nehmen.

Übung 2:

Sieh diese Übung als eine Art Experiment an. Versuche bewusst, mit einem Lächeln auf Menschen zuzugehen und beobachte die Reaktionen. Lächle dem Zeitungsverkäufer, der Helferin beim Arztbesuch oder der Kassiererin im Supermarkt zu. Oder schenke dem Busfahrer beim Einsteigen ein strahlendes Lächeln. Positivität ist ansteckend - du wirst überrascht sein, wie viele Menschen zurücklächeln. Und wie gut das tut.

Sag's einfach!

Generell ist es gut, sich Gedanken zu machen, bevor man den Mund aufmacht. Sich aber nur Gedanken zu machen und sich dann nicht zu trauen, sie auch zu äußern, ist auf Dauer frustrierend. Wie oft hast du dir schon gedacht "hätte ich doch nur was gesagt?". Besonders vor einer Gruppe oder Autoritätspersonen gegenüber fällt es vielen Menschen mit schwachem Selbstbewusstsein schwer, sich mitzuteilen oder gar problematische Themen anzusprechen. Die gute Nachricht: je öfter du dich überwindest, desto einfacher wird es.

Übung:

Erlaube dir immer dann, wenn du dir unsicher bist, beziehungsweise dich nicht traust, deine Meinung/Ansicht zu äußern, noch ein Mal darüber nachzudenken. Wohlgemerkt EIN Mal. Gehe in Gedanken kurz durch, was du sagen möchtest, atme zwei, drei Mal tief ein und aus und dann heißt es raus mit der Sprache.

Komplimente für Alle!

Komplimente hört jeder gerne. Und dass sie das Selbstbewusstsein stärken, versteht sich von allein. Warum also damit geizen?

Übung 1:

Versuche für einen ganzen Tag jeder Person, mit der du dich unterhältst, mindestens ein Kompliment zu machen. Den Kollegen im Büro, dem Kellner, der dich beim Abendessen bedient oder der Nachbarin, die eigentlich ziemlich nervt. Du kannst dich, musst dich dabei aber nicht, auf direkte Äußerlichkeiten wie die Kleidung oder die Frisur beziehen. Sage das, was dir spontan positiv auffällt und beobachte die Reaktionen deiner Gesprächspartner.

Übung 2:

Stelle dich jeden Morgen nach dem Aufstehen und jeden Abend vor dem Zubettgehen vor den Spiegel und mach dir selbst ein Kompliment, z.B. "Das grüne T-Shirt steht mir sehr gut.", "Meine Haare glänzen heute schön." oder "Die Idee, die ich heute Mittag hatte, war super."

Liken was das Zeug hält!

Und zwar dich selbst. Sich selbst lieben zu lernen kann ein langer und schwieriger Weg sein - den es sich aber unbedingt zu gehen lohnt.

Übung 1:

Facebook und ähnliche Communities geben uns mit dem "Like"-Button die Möglichkeit, ganz leicht mit einem einzigen Klick zum Ausdruck zu bringen, wenn uns etwas gefällt. Und es wird geliked wie der Teufel. Wir liken Urlaubsbilder, Rezeptideen, Gedanken und Ereignisse. In dieser Übung geht es darum, dieses Prinzip auf dich selbst anzuwenden. Nimm Papier und Stift zur Hand und "like" dich einmal durch dich selbst. Schreibe Eigenschaften, äußerliche Merkmale, Taten und Interessen deiner Selbst auf, die du magst - denen du ein "Like" geben würdest. Versuche dabei so freigiebig mit den Likes zu sein, wie es auch auf Facebook gehandhabt wird. Denke nicht lange über jeden Aspekt nach und hinterfrage nicht zu viel. Auf die "Like-Liste" kommt alles an dir, was dir ein Like wert ist.

Übung 2:

Auf Facebook gibt es keinen "Dislike" beziehungsweise "gefällt mir nicht" -Button. Schön wäre es natürlich, wenn du diesen in Bezug auf dich selbst auch gar nicht brauchen würdest. Doch es ist vollkommen in Ordnung, nicht alles an sich selbst heiß und innig zu lieben. Überlege dir zunächst, bei welchem Aspekt deiner selbst du gerne Gebrauch von einem "gefällt mir nicht"-Button machen würdest und schreibe diese Dinge auf. Schau dir die Liste an und mach dir klar, dass es keinen "gefällt mir nicht"-Button gibt - du kannst diese Dinge entweder zu "liken" lernen, oder darüber hinweg gehen - quasi einfach "weiterscrollen". Womit wir direkt beim nächsten Thema sind...

Radikale Akzeptanz

Es gibt Dinge an dir, die nicht mal du selbst ändern kannst, egal wie sehr du sie gerne ändern würdest. Beispielsweise deine Größe, Sexualität, Herkunft oder Vergangenheit. Es ist essentiell zu lernen, diese unabänderlichen Dinge anzunehmen - sie radikal zu akzeptieren. Denn nur dann hast du die Möglichkeit, zufrieden damit leben zu können. Leider kann es bei Weitem schwerer sein, etwas zu akzeptieren, das man nicht ändern kann, als etwas zu ändern, das man nicht akzeptieren kann.

Übung 1:

Bevor du so weit bist, dich selbst radikal zu akzeptieren, kannst du das Prinzip der radikalen Akzeptanz zunächst in Belangen üben, die nicht auf dich persönlich bezogen sind. Dafür finden sich im Alltag zahlreiche Möglichkeiten. Ein Beispiel: Du hast dich auf eine schöne Wanderung gefreut, aber es regnet. Du kannst dich jetzt aufregen, den ganzen Tag schlecht gelaunt in der Wohnung verbringen und auf das Wetter schimpfen. Oder du akzeptierst, dass es regnet und gehst du Plan B über, der beispielsweise sein könnte, ein schönes, langes Schaumbad zu nehmen oder einen Film zu schauen, der dich interessiert. Oder aber du ziehst wetterfeste Kleidung an, schnappst dir einen Regenschirm und machst deine Wanderung trotzdem. Wichtig ist nur: egal wofür du dich entscheidest, das Thema "Wandern im Sonnenschein" ist damit für diesen Tag abgehakt. Wenn du ein Schaumbad nimmst, schaue nicht wehmütig aus dem Fenster und hege weiter einen Groll, sondern genieße das Bad. Wenn du dich entschließt trotzdem wandern zu gehen, dann versuche die Wanderung im Regen als solche zu schätzen, ohne ein "aber bei gutem Wetter wäre es schöner" an jeden Gedanken anzuhängen. So hilft dir radikale Akzeptanz, das Beste aus einer Situation zu machen.

Übung 2:

Um etwas an dir selbst radikal zu akzeptieren, kann es dir helfen, bestimmte Sätze und Formulierungen innerlich jedes Mal zu wiederholen, wenn dein "innerer Kritiker" (Vgl. Kapitel 2) diesen Aspekt erwähnt. Denkst du beispielsweise "wäre ich doch nur 10 cm größer" oder "Wenn ich nur nicht so verdammt klein wäre, dann..", hänge ein "ich bin, wie ich bin" beziehungsweise ein "es ist wie es ist" an. Sei dabei konsequent. Das kann anfangs anstrengend sein, besonders wenn der "innere Kritiker" stark ausgeprägt ist und ständig seinen Senf dazu gibt. Bleibe dran - es geht nur darum, wer den "längeren Atem" hat.

Übung 3:

Um für dich selbst zu dokumentieren, welche Fortschritte du mit der Methode der radikalen Akzeptanz machst, kannst du zu Beginn eine Liste anlegen. Schreibe die Dinge auf, die du radikal akzeptieren möchtest und bewerte sie mit einem 5-Punkte-System. 0 bedeutet "ich kann das überhaupt nicht akzeptieren", 3 wäre "ich akzeptiere es teilweise" und 5 "ich habe meinen Frieden damit geschlossen/ich habe es akzeptiert". Wirf regelmäßig, z.B. wöchentlich, einen Blick auf die Liste, ordne mithilfe des Punkte-Systems ein, wo du dich beim jeweiligen Aspekt gerade befindest und korrigiere, wenn nötig. Bei der Formulierung ist hier zu beachten, dass du persönliche Wertungen vermeidest. Schreibe nicht "ich möchte den bescheuerten Fehler akzeptieren, den ich Blödmann nie wieder gut machen kann.", sondern "ich möchte akzeptieren, dass ich Fehler mache" oder "ich möchte akzeptieren, dass dieser Fehler passiert ist".

Fake it 'til you make it!

Zu Deutsch "so tun als ob, bis es tatsächlich so ist". Und zwar mit der Methode der positiven Gedanken und der Visualisierung.

Übung:

Dein Wunsch ist es, selbstbewusster zu werden. Stelle dir vor, du wärst es schon. Was wäre dann besser? Was hättest du mit mehr Selbstbewusstsein erreicht? Was hätte sich für dich zum Positiven verändert? Sage dir "ich bin selbstbewusst" und erschaffe in Gedanken ein Bild davon. Wenn du z.B. selbstbewusster werden möchtest, um kompetenter vor Menschen auftreten zu können, stelle dir dich vor, wie du entspannt und konzentriert einen Vortrag hältst. Versuche zu spüren, wie du dich dann fühlst. Versuche quasi für einen Moment so zu tun, als wärst du bereits die selbstbewusste Person, die du sein möchtest. Mit der Zeit wird es dir immer leichter fallen dieses Bild und die dazugehörigen positiven Gefühle heraufzubeschwören und zu verinnerlichen. Es ist ratsam, mit einem einzelnen konkreten Bild zu starten. Nach und nach kannst du aber natürlich weitere Bilder hinzufügen.

Kapitel 4: Wunderkind

"Du bist ein Wunderkind, auch wenn niemand außer dir und mir das sieht, die Leute sind für Wunder blind." - dieses Zitat stammt aus einem Song des bekannten deutschen Musikers Prinz Pi. Die Musik ist selbstverständlich Geschmackssache, den Satz kannst du dir aber ruhig zu Herzen nehmen. Du bist ein Wunderkind, du bist ein wertvoller Mensch, du bist etwas Besonderes. Und zwar schon jetzt, in diesem Moment, ganz gleich was war und was noch kommen wird. Und außerdem unabhängig davon, ob die Menschen um dich herum das erkennen oder nicht. Weiter lautet der Text "Du bist der Singular, du bist das Einzelstück, du bist das Meisterwerk, das es nur einmal gibt." Du bist einzigartig, mit all deinen Fehlern und Schwächen, deinen Fähigkeiten und Werten, deinen Überzeugungen, Vorlieben, Gedanken und Gefühlen. Du bestehst aus vielen Kleinigkeiten, die zusammen ein großes Meisterwerk ergeben. Die Farben, Formen und Details dieses Werks sind wandelbar. Manche davon kannst du verändern, manche verändern sich von allein, manche verschwinden oder kommen dazu, viele begleiten dich aber auch ein Leben lang oder lassen sich nur leicht variieren. Jeder dieser kleinen Teile gehört zu dir - und dabei ist der Wert des Gesamtkunstwerks unermesslich größer, als die Summe seiner Teile.

Schlusswort

Hoffentlich konnte dir dieses Buch einige Anregungen dafür geben, wie du dein Selbstbewusstsein stärken und somit zu mehr Lebensqualität finden kannst. Zum Schluss bleibt vor allem zu betonen, dass jede Veränderung Zeit braucht und es vom individuellen Menschen abhängt, wie schnell oder langsam sich Fortschritte zeigen. Setze dich nicht unter Druck, sondern glaube daran, dass du nach und nach, in deinem eigenen Tempo, zu mehr Selbstbewusstsein finden kannst und dass es sich lohnen wird. Ich wünsche dir viel Freude und Erfolg dabei!

Quellen

http://www.selbstbewusstsein-staerken.net/

https://www.psychotipps.com/

https://arbeits-abc.de/selbstbewusstsein/

http://www.zeitblueten.com/news/selbstsicherheit-staerken/

https://yogaworld.de/

https://erfolg-intuitiv.de/selbstbewusstsein/

https://www.zeitzuleben.de/

Impressum

Text: Copyright © 2017 by Sophia Thiemann

Impressum und Verlag Sophia Thiemann

c/o Papyrus Autoren-Club, R.O.M. Logicware GmbH Pettenkoferstr. 16-18, 10247 Berlin

Alle Rechte vorbehalten.

Nachdruck oder Kopieren, auch auszugsweise, ist ohne Erlaubnis des Autors nicht gestattet.

Cover-Foto : Honza Hruby/

https://www.shutterstock.com/image-vector/self-confidence-courage-conceptual-vector-illustration-552986566?src=

Wichtiger Hinweis:

Die in diesem Buch enthaltenen Informationen dienen ausschließlich informativen Zwecken und dürfen unter keinen Umständen als Ersatz für eine professionelle Beratung oder Behandlung durch ausgebildete und anerkannte Ärzte angesehen werden. Diese beinhalten keinerlei Empfehlungen bezüglich bestimmter Diagnose- oder Therapieverfahren. Die Inhalte dürfen niemals als eine Aufforderung zur Selbstbehandlung oder als Grundlage für Selbstdiagnosen und -medikation verstanden werden. Die Informationen spiegeln lediglich die Meinung des Autors wieder. Der Autor übernimmt für die Art oder Richtigkeit der Inhalte keine Garantie, weder ausdrücklich noch impliziert.

Sollten Inhalte des Buches gegen geltendes Recht verstoßen, dann bittet der Autor um umgehende Benachrichtigung. Die betreffenden Inhalte werden dann umgehend entfernt oder geändert.

Haftung für Links

Das Buch enthält Links zu externen Webseiten Dritter, auf deren Inhalte wir keinen Einfluss haben. Deshalb können wir für diese fremden Inhalte keine Gewähr übernehmen. Für die Inhalte der verlinkten Seiten ist stets der jeweilige Anbieter oder Betreiber der Seiten verantwortlich. Die verlinkten Seiten wurden zum Zeitpunkt der Verlinkung auf mögliche Rechtsverstöße überprüft. Rechtswidrige Inhalte waren zum Zeitpunkt der Verlinkung nicht erkennbar. Eine permanente inhaltliche Kontrolle der verlinkten Seiten ist jedoch ohne konkrete Anhaltspunkte einer Rechtsverletzung nicht zumutbar. Bei Bekanntwerden von Rechtsverletzungen werden wir derartige Links umgehend entfernen.

www.ingramcontent.com/pod-product-compliance
Lightning Source LLC
Chambersburg PA
CBHW050027230526
45470CB00003B/1163